BEI GRIN MACHT SICH IHᴾ
WISSEN BEZAHLT

Matthias Lehner

Sozialsysteme und Sozial- und Haushaltspolitik in Kanada und USA

GRIN Verlag

Bibliografische Information der Deutschen Nationalbibliothek:

Die Deutsche Bibliothek verzeichnet diese Publikation in der Deutschen National-
bibliografie; detaillierte bibliografische Daten sind im Internet über http://dnb.d-
nb.de/ abrufbar.

Impressum:

Copyright © 2006 GRIN Verlag GmbH
Druck und Bindung: Books on Demand GmbH, Norderstedt Germany
ISBN: 978-3-638-75215-2

Dieses Buch bei GRIN:

http://www.grin.com/de/e-book/55593/sozialsysteme-und-sozial-und-haushaltspo-
litik-in-kanada-und-usa

GRIN - Your knowledge has value

Der GRIN Verlag publiziert seit 1998 wissenschaftliche Arbeiten von Studenten, Hochschullehrern und anderen Akademikern als eBook und gedrucktes Buch. Die Verlagswebsite www.grin.com ist die ideale Plattform zur Veröffentlichung von Hausarbeiten, Abschlussarbeiten, wissenschaftlichen Aufsätzen, Dissertationen und Fachbüchern.

Besuchen Sie uns im Internet:

http://www.grin.com/

http://www.facebook.com/grincom

http://www.twitter.com/grin_com

Universität Passau
Regionale Geographie
HS Regionale Geographie: Kanada – Vielfalt und Eigenständigkeit im Schatten der USA
Wintersemester 2005/06

Sozialsysteme und Sozial- und Haushaltspolitik in Kanada und USA

Verfasser: Matthias Lehner
Semesterzahl: 05

Fächer: Geographie, Wirtschaftswissenschaften

Inhaltsverzeichnis

I. Sozialsysteme in Kanada und in den USA – Geschichte, Zustand und Ausblick

1. Ursprünge in den USA

Bevor die Weltwirtschaftskrise der 1930er Jahre die USA und die Welt in seinen Grundfesten erschütterte, gab es in den USA keine soziale Gesetzgebung auf Bundesebene. Den einzigen sozialen Rückhalt, den es folglich gab basierte auf den Familien und nächsten Angehörigen und, wenn vorhanden, auf den kommunalen Einrichtungen der Armenversorgung.

Mit dem Auftreten der „Great Depression" jedoch wurde die puritanische Arbeitsethik, die jenen, die hart arbeiten, besonnen und genügsam sind, ein sicheres Auskommen bescheren sollte, im Mark erschüttert. Es gab plötzlich nicht mehr genügend Arbeit, Millionen von Arbeitnehmern wurden auf die Straße gesetzt und wurden arbeitslos.[1]

Abbildung 1: Präsident Franklin D. Roosevelt bei der Unterzeichnung des Social Security Act im August 1933 (Quelle: Quelle:http://en.wikipedia.org/wiki/Image:RooseveltSSA signing.jpg, Zugriff: 12.12.2005)

Erste Abhilfe brachte die „Federal Emergency Relief Administration" (FERA) der Jahre 1934 und 1935. Diese erste Einrichtung des bekannten „New Deal" der Roosevelt-Administration brachte erste Sozialleistungen für Arbeitslose und deren Familien. Innerhalb von zwei Jahren betrugen die Ausgaben 3 Mrd. US-Dollar.[2]

Ab 1936 wurde die Arbeit der FERA vom Social Security Board übernommen.

Das Social Security Board wurde auf Grund des Social Security Act (SSA) des Jahres 1935 eingerichtet. Das „Commitee on Economic Security" hatte vorhergehend dieses bis heute mit Änderungen und Ergänzungen bestehende Gesetz sozialer Sicherung ausgearbeitet. Das Gesetz wurde ab Januar 1935 im Kongress diskutiert und schließlich beschlossen. Im August 1935 konnte Präsident Franklin D. Roosevelt das Gesetz unterzeichnen und damit in Kraft setzen.

Bei seiner Enstehung diente das Gesetz auschließlich der Unterstützung von Arbeitslosen, deren Familien und Alterruheständlern und deren Hinterbliebenen.

Bedenkenträger des SSA waren zum einen jene, die befürchteten, die ihrer Meinung nach zu weitreichende Unterstützung Arbeitsloser würde eine allgemeine Faulheit begünstigen. Auf der anderen Seite gab es Politiker, denen die Beschlüsse nicht weit genug gingen.

Aufgebaut war das SSA in zwei Stufen. Die erste Stufe der Bedürftigkeit wurde durch Institutionen

---

1   Vgl. Booth (1973), S.xxff.
2   Vgl. Federal Emergency Relief Administration
    <http://en.wikipedia.org/wiki/Federal_Emergency_Relief_Administration>, Zugriff: 12.02.2006.

der Sozialversicherung sichergestellt, also beispielweise die Rentenversicherung oder die Arbeitslosenversicherung. Erst die zweite Stufe, die sogenannte „Public Assistance" oder auf deutsch Sozialhilfe, gewährte allen Bedürftigen, die keine Unterstützung der ersten Stufe mehr oder jemals erhielten, Sozialleistungen.

Ziel aller beschlossenen Regelungen war aber immer, nicht durch Sozialleistungen den Wohlstand zu erhalten, sondern das Überleben zu sichern und die höchstmögliche Beschäftigung wiederherzustellen.[3]

Die Altersversorgung, im SSA als Old Age Benefits bezeichnet, sichert das Einkommen der in den Ruhestand getretenen Arbeitnehmer. Anspruchsbasis hatten nur die Versicherten, heute allerdings auch hinterbliebene Ehepartner. Die Höhe der jeweiligen Rentenleistung ist abhängig von während der Erwerbstätigkeit erwirtschafteten Einkommen, die sich auf die Höhe der Beiträge auswirkten. Das Rentenalter wurde auf 65 Jahre festgelegt. Die Beitragserhebung durch die Rentenversicherung begann 1937, die ersten Renten wurden im Jahr 1942 ausgezahlt. Die Beitragshöhe lag 1937 bei 1% des versicherten Einkommens, dabei teilten sich Arbeitnehmer und Arbeitgeber die Beitragszahlung.

Die Musterrente eines Ruheständlers im Alter von 65 Jahren nach 40 Jahren Berufstätigkeit mit einem durchschnittlichen Monatseinkommen von 100 US-Dollar betrug beim Inkrafttreten des SSA 51,25 US-Dollar monatlich.[4]

Im Rahmen des SSA wurde die Arbeitslosenversicherung durch die Bundesstaaten organisiert, allerdings gab es nationale Richtlinien um eine gewisse landesweite Gerechtigkeit zu gewährleisten. Die Strategie der Arbeitslosenversicherung bestand aus drei Säulen: Der Geldleistung während der Erwerbslosigkeit, der Beschäftigungssicherung und der Reduzierung der Arbeitslosigkeit. Arbeitslose konnten durch öffentliche Beschäftigungsprogramme sinnvoll eingesetzt werden, dies geschah mit Hilfe sogenannter „Public Works" oder „Work Relief Programs". Dabei wurden Verträge mit Privatunternehmen geschlossen, um große Projekte zuerstellen. Man vermutete, dass der Einsatz Arbeitsloser bei der Erstellung öffentlicher Infrastruktur zu einem neuen Wirtschaftsaufschwung führen könnte, da sich durch eine verbesserte Infrastruktur das Investitionsklima verbessern werde. Jedoch wurden die Erwartungen an die „Public Works Administration" nicht erfüllt.

Die Leistungen an Arbeitslose stammen nicht aus einem direkten Umlagesystem, sondern aus Rücklagen, die aus den Beiträgen zur Arbeitslosenversicherung aufgebaut werden sollten. Zahlungen waren daran gebunden, dass keine geeigneten freien Stellen zur Verfügung stehen würden.

Die Beiträge wurden durch Arbeitgeber geleistet, die 3% der gezahlten Lohnsumme betrugen.

---

3 Vgl. Booth (1973), S.xxff.
4 Vgl. Booth (1973), S.xxff.

Jedoch mussten nur Betriebe Beiträhe zahlen, die während mindestens 20 Wochen pro Jahr mindestens 8 Beschäftigte hatten. Damit waren Kleinbetriebe von der Beitragslast befreit.[5]

	1939	1954	1970	1999
Total Labor Force	55,6	67,8	86,2	
Rentenversicherung	49%	75%	86%	79%
Arbeitslosenversicherung	40%	54%	65%	37%

Abbildung 2: Abdeckung der Bevölkerung durch Sozialversicherung (Quelle: Eigener Entwurf nach Booth, 1973 und Schneider-Sliwa, 2005)

2. Sozialsystem in den USA heute

Neben den bereits genannten Institutionen, die in ergänzter und geänderter Form noch heute bestehen, steht vor allem die Krankenversicherung in den USA immer in kontroverser Diskussion. Anders als in Kanada oder Deutschland gibt es in den USA keine bevölkerungsübergreifende Krankenfürsorge. Zwar versuchte Präsident Clinton in den 1990er Jahren eine Krankenversicherungspflicht für alle einzuführen, jedoch scheiterte das Vorhaben nach einem Jahr. Während der Johnson-Administration wurden 1965 zwei staatliche Programme begründet, die auch heute noch für besonders gefährdete Bevölkerungsgruppen von Bedeutung sind.

Für alte und behinderte Menschen ist Medicare die staatliche Absicherung im Krankheitsfall. Finanziert wird Medicare durch Beiträge von Arbeitnehmern und Arbeitgebern.[6] Die Beiträge betragen derzeit jeweils 1,45% des Einkommens, d.h. in der Summe 2,9%. Selbständige müssen des gesamten Beitrag von 2,9% bezahlen. Erhoben wird der Beitrag grundsätzlich zusammen mit dem Beitrag für Old Age, Survivors and Disability Insurance (OASDI) in Höhe von jeweils 7,65% des

Einkommens. Pro Arbeitnehmer wird also ein Beitrag von zusammen 9,1% für die soziale Sicherung erhoben, allerdings ist zu betonen, dass für die eigene Krankenversicherung noch keine Beiträge enthalten sind.[7] Diese wird entweder vom Arbeitgeber als Gruppenversicherung angeboten, der Arbeitnehmer versichert sich selbst privat, oder er ist als

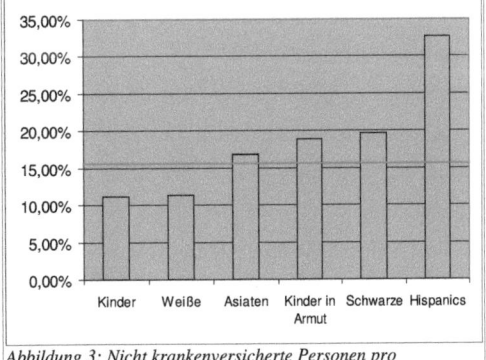

Abbildung 3: Nicht krankenversicherte Personen pro Bevölkerungsgruppe (Quelle: U.S. Census)

---

5   Vgl. Booth (1973), S.xxff.
6   Vgl. Booth (1973), S.xxff.
7   Vgl. Social Security Administration <http://www.ssa.gov>, Zugriff: 13.02.2006.

Bundesbeamter oder Militärangehöriger staatlich versichert. Meist endet mit einer Beschäftigung so auch die Mitgliedschaft bei einer Krankenversicherung. Dies ist auch die Ursache für den großen Anteil von Menschen, die über keine Art von Krankenversicherung verfügen.

Medicaid zielt dagegen nicht auf besondere Gruppen der Bevölkerung ab, sondern geht von der Bedürftigkeit auf Grund eines zu niedrigen Einkommens als Anspruchsgrundlage aus. Bezugsgröße ist dabei die bundeseinheitliche Armutsgrenze. Fallen Schwangere, Kinder oder auch ältere Menschen unter ein bestimmtes Einkommenslevel, so werden sie in Abhängkeit der jeweiligen Regelung des Bundesstaats anspruchsberechtigt. Medicaid ist im Gegensatz zu Medicare eine steuerfinanzierte Institution.[8]

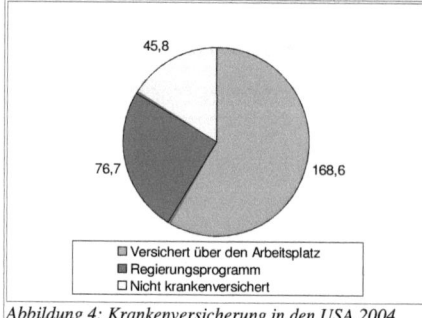

Abbildung 4: Krankenversicherung in den USA 2004 (Quelle: U.S. Census)

3. Geschichte des kanadischen Sozialsystems

Während bevor soziale Sicherung existierte, es üblich war, in Notsituationen von den Ersparnissen zu leben, sich Geld zu leihen oder Verwandte um Unterstützung zu bitten und erst bei der Erschöpfung dieser Quellen die kommunale Armenhilfe, falls vorhanden, in Anspruch zu nehmen, änderte sich dies mit der Einführung der ersten staatlichen Hilfsprogramme.[9]

Die Ursprünge des kanadischen Sozialsystems sind eng verbunden mit der Sozialgeschichte des britischen Kolonialherrn. Im 14. Jahrhundert war man uneingeschränkt der Auffassung, dass Wohltätigkeit Faulheit begünstigt. Um zu vermeiden wurde in England bereits damals Betteln mit Lizenzen belegt, d.h. nur jene durften betteln, die nicht fähig waren zu arbeiten. Also nur diese, die es verdienten von anderen Menschen mit Spenden bedacht zu werden.

Durch das elisabethanische Armenrecht der zweiten Hälfte des 16. Jahrhunderts wurden die Belange der Bedürftigen erstmals in die Verantwortung der Regierung übertragen. Darüber hinaus war die Regierung auch für die Bildung der Kinder und die Bestrafung derer zuständig, die zwar arbeiten konnten aber nicht wollten. Es wurde damit auch unterschieden zwischen denen, die Unterstützung verdienten, also z.B. den Alten, Kranken und Behinderten, und denen, die sie nicht verdienten.

Diese Traditionen in Großbritannien, die sich bis in die Moderne fortsetzten, hatten auch ihren Einfluss auf die sozialen Grundpfeiler der nach 1783 verbliebenen nordamerikanischen Kolonien, also Kanada. Im British North America Act von 1867, das den Staat Kanada erst schuf, waren die

---

8 Vgl. Medicaid at a glance 2005
   <http://www.cms.hhs.gov/MedicaidGenInfo/Downloads/MedicaidAtAGlance2005.pdf>, Zugriff: 13.02.2006.
9 Vgl. McGilly (1991), S.13.

britischen Armengesetze bereits berücksichtigt.

Während der Weltwirtschaftskrise der 1930er Jahre gab es bereits eine Art Berufsunfähigkeitsversicherung (Workers Compensation seit 1914 in Ontario), Alterversorgung (Vorläufer seit 1908), Arbeitslosenunterstützung (1921) und eine Art Muttergeld (vergleichbar mit Kindergeld, 1918). Über die Höhe des Leistungen kann hier keine Angaben gemacht werden. Auch der seit den 1880er Jahren kostenlose Grundschulbesuch ist eine wichtige Sozialleistung, die ein gewisses Maß an Chancengleichheit gewährleistet.

Abbildung 5: Demonstration für soziale Sicherung in Kanada in den 1930er Jahren (Quelle: http://www.socialpolicy.ca/cush/ml/ml-t1.stm, Zugriff: 25.11.2005)

Abbildung 6: Armenspeisung in Kanada während der Weltwirtschaftskrise (Quelle: http://www.socialpolicy.ca/cush/ml/ml-t17.stm, Zugriff: 25.11.2005)

Nach der Weltwirtschaftskrise kamen noch weitere wichtige Pfeiler der sozialen Sicherung hinzu, die auch heute noch, natürlich in modernisierter Form existieren.

Die Arbeitslosenversicherung „Unemplyment Insurance", heute „Employment Insurance", wurde 1940 eingeführt. Das allgemeine Familiengeld „Family Allowance" wurde 1944 begründet.[10] Dabei handelt es sich um ein Beispiel für eine universelle Transferleistung, die allen Müttern mit Kinder unter einem bestimmten Alter zusteht, die von allen Steuerzahlern finanziert wird.[11]

Später in den 1960er Jahren wurde das soziale Netz Kanadas um zwei weitere Programme ergänzt, das kanadische Rentensystem (Canada Pension Plan, 1966) und die Sozialhilfe (Canada Assistance Plan, 1966) wurden eingeführt. Vor allem der CPP war Gegenstand von Reformen während der zweiten Hälfte der 1990er Jahre.

---

10 Vgl. Canada's unique social history <http://www.socialpolicy.ca/cush/m2/m2contents.stm> Zugriff: 08.02.2006.
11 Vgl. McGilly (1991), S.64.

4. Das Sozialsystem in Kanada

a. Allgemeines

Sozialsysteme werden unter anderem benötigt, um in Zeiten von Einkommenslosigkeit oder in Zeiten zu geringen Einkommens einen Ausgleich zu schaffen. Dabei kann unterschieden werden zwischen Transfereinkommen, die von der Masse der Steuerzahler an eine Gruppe von spezifisch Bedürftigen geleistet wird und den Sozialversicherungen, die fast nur an Beitragszahler Leistungen zahlen. Mittler hiebei wäre der Staatsapparat, der durch seine Steuergesetzgebung die Einnahmeseite regelt und die Kriterien festlegt, welche Voraussetzungen gegeben sein müssen um als bedürftig zu gelten.

Im Rahmen der Transferleistungen kann weiter zwischen universellen Programmen und selektiven Programmen unterschieden werden.

Unter den universellen Programmen wäre zum einen die frühere Altersgrundsicherung (Old Age Security), die bis 1997 in der Form existierte, und das Familiengeld (Family Allowances) zu nennen. Diese Leistungen wurden unabhängig vom sonstigen Einkommen geleistet, Anspruchsgrundlage war im Fall der Altersgrundsicherung ein bestimmtes Alter erreicht zu haben oder im Fall des Familiengeldes ein Kind bis zu einem bestimmten Alter zu haben. Von diesen universellen Leistungen existieren in Kanada derzeit keine mehr.

Selektive Programme gewähren Leistungen nur bis zu einer bestimmte Einkommenobergrenze. Wird diese Grenze überschritten, werden die Leistungen gekürzt oder ganz eingestellt. Damit soll verhindert werden, dass Menschen Leistungen erhalten, die ohnehin genügend anderweitiges Einkommen haben um ihr Leben in angemessener Form zu bestreiten.[12] Im Falle der Old Age Security erhalten nahezu alle Menschen über 65 Jahren diese Sozialleistung, wenn sie bestimmte Voraussetzungen erfüllen. Allerdings müssen Rentner mit Einkommen über 60.806 CAN$ einen Teil der erhaltenen Leistungen wieder zurückzahlen. Erreichen Rentner ein Einkommen von 98.850 CAN$ erhalten sie gar keine Leistungen mehr aus diesem Programm.

Sozialversicherungsleistungen erhalten all jene die zuvor Beiträge für diese Versicherungen bezahlt haben. Dabei steht die Beitragshöhe, wie später auch die Leistungen in einem bestimmten Verhältnis zum Einkommen. Um die Beiträge zu deckeln gibt es Beitragsgrenzen (Deutschland: Beitragsbemessungsgrenze), d.h. ab einem bestimmten Einkommen muss das darüber hinausgehende nicht mehr versichert werden.[13]

---

12 Vgl. McGilly (1991), S.64ff.
13 Vgl. Old Age Security (OAS): General Information <http://www.sdc.gc.ca/en/gateways/topics/ozs-gxr.shtml>, Zugriff: 08.02.2006.

b. Arbeitslosenversicherung

Ein Beispiel für eine Sozialversicherung ist die kanadische Arbeitslosenversicherung „Employment Insurance", die bis 1996 unter dem Namen „Unemployment Insurance" bekannt war. Es herrscht eine paritätische Beitragspflicht zu dieser Versicherung, d.h. Arbeitnehmer und Arbeitgeber leisten in gleichen Teilen Beiträge. Die Höhe der Beiträge liegt derzeit (2006) bei 1,87% der versicherbaren Einkünfte, jeweils für Arbeitnehmer und Arbeitgeber. Selbständige müssen beiden Hälften selbst bezahlen. Zum Empfangsberechtigten wird man aber erst, wenn eine, nach Provinzen unterschiedliche, Anzahl an Stunden gearbeitet wurde. Ebenso ist ist Empfangsdauer nach Provinzen unterschiedlich geregelt. Beispielsweise müssen in Windsor, Ontario 630 Stunden gearbeitet werden, um 40 Wochen zum Empfang von Leistungen berechtigt zu sein. Die maximale Höhe beträgt 55% des versicherten Durchschnittseinkommens, höchstens aber 413 CAN$ pro Woche. Geringverdiener mit Kindern erhalten Zuschläge, sofern sie weniger als 25.921 CAN$ jährlich erhalten. Die Obergrenze des versicherbaren Einkommens liegt derzeit bei 39.000 CAN$.

Kritisiert wurden im Rahmen der Reformen der 1990er Jahre vor allem die verkürzten Bezugsdauern und die Erhöhung der Mindestarbeitsstunden, die zum Bezug berechtigen.

Interessante ist die Berechnung der Leistungen, diese ist nämlich abhängig von der jeweiligen Höhe der Arbeitslosigkeit in der Provinz. In Provinzen mit geringer Arbeitslosigkeit sind die Leistungen niedriger, da angenommen werden kann, dass es leicher ist wieder einen Arbeitsplatz zu finden.[14]

c. Altersversorgung

Die Altersversorgung besteht in Kanada im wesentlichen auf drei Säulen: Der Altersgrundsicherung genannt „Old Age Security", den staatlichen beitragsfinanzierten Rentenprogrammen „Canada Pension Plan (CPP)" und „Quebec Pension Plan" und den privaten Rentenversicherern.

Da im allgemeinen Teil die Altersgrundsicherung bereits angesprochen wurde, soll sich dieser Teil mit dem Canada Pension Plan befassen. Am CPP nehmen mit Ausnahme Quebecs alle Provinzen teil. Quebec verfügt über den Quebec Pension Plan, der ähnlich wie der CPP funktioniert.

Der CPP wurde 1965 Gesetz und trat schließlich am 1. Januar 1966 in Kraft. Die Gesetzgebung hierzu wurde bis in die Gegenwart mehrere Male ergänzt und geändert. So werden die Pensionen an die Lebenshaltungskosten angepasst, sind Ehepartner und Vergleichbare im Todesfall des Beitragszahlers

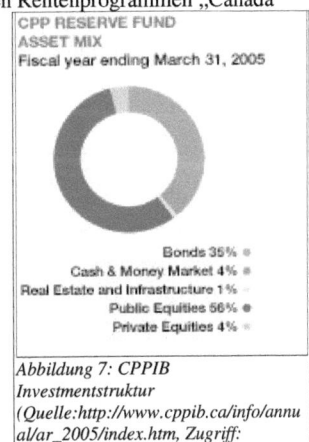

CPP RESERVE FUND
ASSET MIX
Fiscal year ending March 31, 2005

Bonds 35% ●
Cash & Money Market 4% ●
Real Estate and Infrastructure 1%
Public Equities 56% ●
Private Equities 4% ●

Abbildung 7: CPPIB Investmentstruktur (Quelle:http://www.cppib.ca/info/annual/ar_2005/index.htm, Zugriff: 09.02.2006)

---

14 Vgl. Employment Insurance (EI) <http://www.sdc.gc.ca/en/gateways/individuals/cluster/category/ei.shtml>, Zugriff: 08.02.2006.

empfangsberechtigt, gibt es einen Versorgungsausgleich im Falle der Scheidung und werden Kindererziehungszeiten bei der Pensionsberechnung einbezogen. Diese Neuerungen wurden bis 1986 eingeführt. Seit 1998 wurde das bis dahin reine Umlagesystem, um einen einen Pensionsfond ergänzt, um für die demographischen Veränderungen der Zukunft gewappnet zu sein.

Der wie die Arbeitslosenversicherung paritätisch durch Arbeitnehmer und Arbeitsgeber beitragsfinanzierte CPP zahlt seine Leistungen in Abhängigkeit der eingezahlten Beiträge und Beitragsjahre. Das maximal versicherbare Einkommen liegt zur Zeit 41.100 CAN$ pro Jahr. Das abschlagsfreie Rentenalter beträgt 65 Jahre, allerdings ist der Rentenbeginn ab 60 Jahren realtiv flexibel, aber mit Abschlägen verbunden. Die Leistungen sind dabei streng genommen steuerpflichtig, aber die meisten Rentner überschreiten nicht den geltenden Freibetrag von derzeit 2.500 CAN$ monatlich.[15]

Durch die Gründung des Canada Pension Plan Investment Board (CPPIB), der einen Teil der gezahlten Beiträge gezielt renditestark investieren soll, wurde ein großer Schritt für die Zukunftsfähigkeit des kanadischen Rentensystems gemacht. Durch die in den Jahren 1997 bis 2003 von 6% auf insgesamt 9,9% erhöhten Beiträge und eine Effizienzsteigerung in der Verwaltung konnte ein Teil des Umlagevolumens entnommen und nach und nach in das CPPIB investiert werden. Bis 2017, so der Plan, sollen bereits 20% der Leistungen aus den Fonds des CPPIB gezahlt werden können, und so die Beitragszahler entlasten. Die dafür benötigte reale Rendite liegt bei 4,1%. In den Jahren 1997 bis 2003 wurden jährlich durchschnittlich 4,6% erreicht und damit das Ziel erreicht, jedoch geschah dies in einem meist wirtschaftlich günstigen Umfeld. Wie sich die Situation während einer wirtschaftlichen Krise darstellen würde ist nicht abzusehen.

Das Volumen der durch den CPPIB getätigten Investment betrug Ende 2005 92,5 Mrd. CAN$, die Verteilung auf die verschiedenen Anlageformen zeigt die obenstehende Grafik. Bis zum Jahr 2015 soll das Volumen 200 Mrd. CAN$ erreichen.[16]

d. Gesundheitsfürsorge

Mit den Kosten für die Gesundheitsfürsorge, also Kosten für die Behandlung von Krankheiten und Krankenhausaufenthalten, wurde in den 1960er Jahren eine weitere Lücke im sozialen Netz Kanadas geschlossen. Nach einigen Jahren Vorlaufzeit und Auseinandersetzungen zwischen Unterstützern von mehr Eigenverantwortung und Anhängern allumfassender staatlicher Krankenversicherung trat 1966 das „Medical Care Act" in Kraft. Die Meinungsunterschiede handelten meistens um die Höhe der Subventionierung der Gesundheitskosten, so wollten einzelne Provinzen es vermeiden, dass wohlhabende Bürger den gleichen Vorteil genossen wie z.B. Familien

---

15 Vgl. General Information about The Canada Pension Plan <http://www.sdc.gc.ca/en/isp/cpp/cppinfo.shtml>, Zugriff: 09.02.2006 und McGilly (1991), S.130ff.
16 Vgl. CPP Investment Board <http://www.cppib.ca/index_en.html>, Zugriff: 09.02.2006 und Canada Pension Plan <http://en.wikipedia.org/wiki/Canada_Pension_Plan>, Zugriff: 09.02.2006.

mit niedrigen Einkommen.

Mit dem Medical Care Act wurde, nachdem sich deren Befürworter durchgesetzt haben, eine umfassende staatliche Krankenfürsorge eingeführt, die zwar in Verantwortung der Provinzen liegt, aber unter festgelegten Bedingungen von der Bundesregierung mitfinanziert wird.

Die fünf Bedingungen sind:

- Die Gesundheitsprogramme der Provinzen stehen auf nichtgewinnorientierter Basis und werden von einer Regierungsbehörde oder einer der Regierung verantwortlichen Einrichtung verwaltet
- Die Programme müssen alle notwendigen durch Ärzte erbrachten medizinischen Dienste komplett abdecken
- Die Programme müssen für alle Provinzbewohner zu gleichen Bedingungen zugänglich sein
- Die Programme müssen die Mitnahme der Leistungen in andere Provinzen sicherstellen, wenn sich die Versicherten kurzzeitig in einer anderen Provinz aufhalten
- Der angemessene Zugang zu versicherten Diensten darf nicht durch Gebühren verhindert werden

Durch diese Bedingungen wird eine gleichwertige Krankenfürsorge für alle Provinzen gewährleistet.[17]

Bereits 1947 wurde in Provinz Sasketchewan die erste öffentliche Krankenhausversicherung eingerichtet. Großer Förderer von öffentlicher Gesundheitsversorgung zur damaligen Zeit war der Premierminister von Sasketchewan The Hon. Thomas Douglas. Diese Neuerung gab den Anstoß 1957 das Hospital Insurance and Diagnostic Services Act auf Bundesebene einzuführen. Diese Gesetz ermutigte alle Provinzen die Krankenhäuser für alle zugänglich zu machen, indem sich die Bundesregierung in Ottawa an den Kosten der Provinzen beteiligt. So trug der der Bund ab 1957 die Hälfte der Krankenhauskosten der Provinzen.[18]

Krankenhäuser und der Beruf des Arztes haben ein sehr hohes Ansehen in der kanadischen Gesellschaft. Jedoch ist das kanadische Gesundheitssytem mit verschiedenen Problemen konfrontiert. So haben sich die Anforderungen an das Gesundheitssystem derart

Abbildung 8: The Hon. Thomas Douglas
(Quelle:http://en.wikipedia.org/wiki/Image:Tommymi
c.gif, Zugriff: 11.02.2006)

---

17 Vgl. Guest (1997), S.148ff.
18 Vgl. Canada Health Act <http://en.wikipedia.org/wiki/Canada_Health_Act>, Zugriff: 11.02.2006.

verändert, dass nicht mehr klar unterschieden werden kann zwischen krank und gesund. Statt dessen gibt es ein Krank-Gesund-Kontinuum, das die Behandlung deutlich erschwert, da auch oft mehrere kleine „Wehwehchen" zusammentreffen, welche die Kosten für das Gesundheitssystem deutlich erhöhen. Auch wären viele Krankheiten heute vermeidbar, wenn ein Teil der Kosten, die für die Behandlung von Menschen statt dessen für die Vorsorge und Information der Bevölkerung verwendet würde.

Das sogenannte Erfolgsparadoxon sorgt dafür, dass eine Institution, die beliebt ist, und in die viel Vertrauen gesteckt wird, gerne und häufig, auch wegen Kleinigkeiten, frequentiert wird. Auch dieses Charakteristikum des kanadischen Gesundheitssystems belastet das Budget.

So wurden durch die liberale kanadische Regierung in den 1990er Jahren mehrere Gesetze beschlossen, die manche Leistungen der Ärzte und Krankenhäuser, aber auch Medikamente, zuzahlungspflichtig machten.[19] Dies half in einem gewissen Maß die Kostenexplosion im Gesundheitswesen zu bremsen, aber nicht aufzuhalten. Die Auswirkungen werden aus den Diagrammen ersichtlich.

Den finanzielle Anteil, der von der Bundesregierung zum Gesundheitssystem beigetragen wird, nannte man bis 2004 den Canada Health and Social Transfer. Seitdem wurde der Transfer aufgespalten, um die Einrichtung transparenter zu machen.

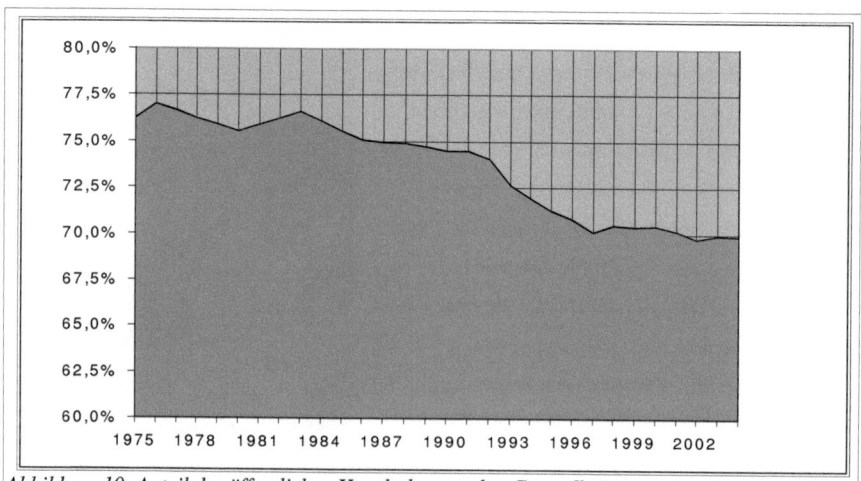

Abbildung 10: Anteil der öffentlichen Haushalten an den Gesundheitsausgaben in Prozent der Gesamtausgaben (Quelle: Eigener Entwurf nach Canadian Institute for Health Information, 2005)

Die legislative Hauptverantwortung für das Gesundheitssystem liegt mit Ausnahme der genannten Bedingungen in der Hand der Provinzen. Die Mittel des Canada Health Transfer (CHT) sind zweckgebunden. Neben der direkten Mitfinanzierung der provinziellen Gesundheitsprogramme

---

19 Vgl. McGilly (1998), S.172ff.

durch sogenannte Cash Transfers, gibt es auch Tax Transfers, welche es den Provinzen ermöglichen, von der Bundesebene nicht genutzte Steuerbandbreiten, durch eigene Steuererhebung in diesen Bereichen Einnahmen zu erzielen.[20]

II. Kanadische Sozial- und Haushaltspolitik – Ein Erfolgsmodell

1. Das kanadische Regierungssystem

Seit der Gründung kanadischen Staates als Dominion innerhalb des britischen Empire im Jahr 1867 hat sich die politische Gestalt des Landes nicht wesentlich geändert. Mit der bundesstaatlichen Organisation der britischen Kolonien Lower Canada (seitdem Quebec), Upper Canada (seitdem Ontario), Nova Scotia und New Brunwick wurde Kanada in seiner heutigen politischen Form begründet. Jedoch war das heutige Gebiet noch nicht erreicht. Der starke kanadische Föderalismus ist mir der Größe des Landes zu begründen. Die Etablierung des Dominion ist als Staatsgründung anzusehen. Die Grundlage dafür war das British North America Act. Mit dem Inkrafttreten des Westminsterstatut im Jahr 1931 wurde Kanada völkerrechtlich unabhängig.[21] Mit der sogenannten Heimholung der kanadischen Verfassung im Jahr 1982 wurde Kanada auch formal unabhängig. Bis zu diesem Zeitpunkt war eine Verfassungsänderung nur mit Zustimmung des Parlaments in London möglich. Das Staatsoberhaupt war und ist auch heute noch die britische Königin, die in Kanada durch den Generalgouverneur vertreten wird. Derzeit wird dieses Amt von der haitistämmigen Michaëlle Jean versehen. Sie ist Oberkommandierende der kanadischen Armee und ernennt und entlässt den Premierminister. Sie hat damit eine rein repräsentative Funktion.Die Legislative Kanadas besteht wie das

Abbildung 11: Queen Elizabeth II. of Canada (Quelle: http://en.wikipedia.org, Zugriff: 13.02.2006)

Abbildung 12: Governor General Michaelle Jean (Quelle: http://en.wikipedia.org, Zugriff: 13.02.2006)

Parlament in London aus zwei Kammern. Neben dem House of Commons, dem Unterhaus, fungiert der Senat als Pendant zum britischen Oberhaus. Der Senat hat aber etwa mit dem britischen Oberhaus oder dem US Senate nichts gemein. Die Senatoren werden vom Generalgouverneur auf Vorschlag des Premierministers ernannt. Es gibt zwar eine feste Anzahl von Senatoren pro Provinz, aber die Ernannten gehören im Regelfall der Partei des Premierministers an und vertreten nicht in erster Linie die Interessen der jeweiligen Provinz. Das House of Commons dagegen ist sehr wohl

---

20 Vgl. McGilly (1998), S.199ff und Canada Health and Social Transfer
   <http://en.wikipedia.org/wiki/Canada_Health_and_Social_Transfer>, Zugriff: 11.02.2006.
21 Vgl. Lenz (2001), S.265ff.

mit dem britischen House of Commons vergleichbar. Seine Mitglieder werden in ihrer jeweiligen Constituency (Wahlkreis) im Mehrheitswahlrecht gewählt, d.h. der Kandidat, der die meisten Stimmen erhält wird Abgeordneter, die restlichen Stimmen bleiben unberücksichtigt.[22] Die letzte Parlamentswahl fand am 23.01.2006 statt, dabei errang die Conservative Party of Canada erstmals seit 1988 mit 124 von 308 Sitzen wieder die Mehrheit. Allerdings wird die Partei eine Minderheitsregierung mit wechselnden Mehrheiten für Gesetzesvorhaben bilden. Premierminister ist der vormalige Oppositionsführer Stephen Harper. Sein Vorgänger als Regierungschef, Paul Martin von der unterlegenen Liberal Party of Canada regierte seit 2004 ebenfalls mit einer Minderheitsregierung. Die vorgezogene Neuwahl wurde wegen eines Misstrauensvotums nötig, da Martin in eine Korruptionsaffäre in Verbindung mit Wahlwerbung verstrickt ist.[23]

Abbildung 13: Prime Minister Stephen Harper (Quelle:http://en.wikipedia.or g, Zugriff: 13.02.2006)

Das höchste kanadische Gericht ist das Supreme Court of Canada, das diese Funktion seit 1949 inne hat. In diesem Jahr dem kanadische einige wenige Änderungskompetenzen in der Verfassungsfrage zugestanden. Vorher war das britische Judicial Commitee of the Privy Council das höchste kanadische Gericht.[24]

2. Sozialpolitik in Kanada – Herausforderungen

Die Sozialpolitik in Kanada ist, wie in den meisten anderen entwickelten Volkswirtschaften mit mehreren großen Herausfoderungen unserer Zeit konfrontiert.

So haben sich die makroökonomischen Bedingungen, in denen ein Großteil des kanadischen Sozialsystems entstand, gravierend verändert. Kanada befindet sich seit einiger Zeit auf dem Weg in die so genannte Dienstleistungsgesellschaft. Das wirkt sich vor allem auf die Beschäftigung der Menschen aus, die sich seit den ersten Anfängen der sozialen Sicherung stark vereinfacht vom Bauern, über den Industriearbeiter, hin zum Dienstleister entwickelt hat. Nun hat diese Veränderung auch Auswirkungen auf soziale Strukturen, z.B die Familien und andere zwischenmenschliche Bänder. Wie früher üblich, nahe Verwandte um finanzielle Hilfe in Arbeitslosigkeit zu bitten, wäre für viele mit Sicherheit unvorstellbar.[25]

Vor allem für die mittleren Einkommen, z.B. gut bezahlte Facharbeiter oder Handwerker, ist es in einer wirtschaftlich globalisierten Welt oft schwierig mit dem Ausland zu konkurrieren, allerdings dürfte dieses Problem weniger für Kanada, als mehr für die USA gelten, die mit dem südlichen

---

22 Vgl. Governor General of Canada <http://www.gg.ca/menu_e.asp> (Zugriff: 03.02.2006).
23 Vgl. Elections in Canada <http://en.wikipedia.org/wiki/Elections_in_Canada> (Zugriff: 03.02.2006).
24 Vgl. Lenz (2001), S.274.
25 Vgl. McGilly (1991), S.12f.

Nachbarn Mexiko ein großes Zielland des Outsourcing haben. Folge ist die die Zunahme von hochqualifizierten Arbeitsplätzen und das Wegbrechen von Arbeitsplätzen mit mittleren Einkommen, was sich in einem weiter gedehnten Einkommensspektrum der Bevölkerung auswirken könnte. Bei den resultierenden Niedrigeinkommen könnte der Sozialstaat mit sogenannten Kombilohnmodellen, also einem staatlichen Zuschuss zum Erwerbseinkommen, beitragen müssen.

In einer reifen Industrie- oder bereits Dienstleistungsgesellschaft ist das Erwerbseinkommen von essentieller Bedeutung. Nebenbei erworbene Ansprüche, wie z.b. Urlaub und Alterssicherung sind von einer geregelten Beschäftigung abhängig. Nahezu alle Sozialleistungen Kanadas standen bei ihrer Einrichtung in Verbindung mit einer Arbeitsverhältnis. Nun ist aber dieser Idealtypus, des Familienvaters, der als Einkommensbeschaffer, und die Mutter, die Kinder großzieht, in zunehmender Relativierung begriffen. Zunahmen bei der Teilbeschäftigung, bei Minijobs, aber auch in der beruflichen Selbständigkeit machen es nötig, die Sozialsysteme zu reformieren und auf eine neue Basis zustellen.

Wie auch andere entwickelte Gesellschaften, steht auch Kanada vor weitreichenden demographischen Umwälzungen. Die Alterung der Gesellschaft hat zwar noch nicht derart dramatische Züge erreicht wie in Deutschland, aber dennoch steht Kanadas Altersversorgung und Gesundheitssystem vor großen Belastungen. Abgemildert wird dies noch durch die gesteuerte Einwanderung von jungen, meist leistungsfähigen und gut qualifizieren Menschen.

Derzeit sind 11% aller Haushalte in Kanada Haushalte, die von alleinerziehenden Frauen geführt werden, die am unteren Ende der Einkommenskala stehen. Auch das zeigt, wie sich Familienstrukturen verändern, was die Sozialsysteme künftig noch stärker belasten dürfte.

Ein großes nicht nur in Kanada ausgefochtenes Thema stellen auch die Spannungen zwischen den Verfechtern der Eigenverantwortung und den Fürsprechern der sozialen Verantwortung aller dar. Obwohl ein Konsens darüber herrscht, dass der Staat auf bestimmten Gebieten handeln muss, dauert der Streit an. Vor allem in den jetzt endenden Jahren der Regierung der Liberalen Partei von Jean Chrétrien und Paul Martin, hat es Tendenzen gegeben, universelle Programme zu beenden und bei Sozialleistungen selektiv vorzugehen.[26] Zudem wurden Leistungen gekürzt und auf diese Weise auch die Haushaltskonsolidierung unterstützt.[27] Bereits kurz nach ihrem Wahlsieg ging die Liberale Partei daran, die sozialen Sicherungssysteme, den Arbeitsmarkt und das Bildungssystem zu reformieren. Die Senkung der Staatsverschuldung und der dadurch erhöhte finanzielle Spielraum, getragen von einer dynamischen Konjunkturentwicklung und einer zurückgehenden Arbeitslosigkeit, macht Kanada heute zum G8-Land mit der niedrigsten Verschuldungsquote.[28]

---

26 Vgl. McGilly (1991), S.15ff.
27 Vgl. Lenz (2001), S.296.
28 Vgl. Lenz (2001), S.296 und Guest (1997), S.250ff.

3. Haushalts- und Sozialpolitik in Kanada

Bereits vor den Parlamentswahlen 1993 kündigte die nur kurz amtierende Premierministerin Kim Campbell von der Progressiven Konservativen Partei eine Überarbeitung und Modernisierung des kanadischen Sozialstaats an. Kim Campbell folgte dem zurückgetretenen Brian Mulroney, in dessen zwei Amtszeiten die Staatsverschuldung erheblich anwuchs, obwohl es sein Ziel war das Defizit zu elminieren.[29] Es sollte nach der Wahl Kürzungen im Hinblick auf finanzielle Nachhaltigkeit geben, da zu dieser Zeit die Verschuldung ein Niveau von etwa 70% des kanadischen BIP erreicht hatte.[30] Dazu kam es nicht, da die Liberale Partei, damals unter Jean Chrétien, der in der Folge Premierminister wurde, einen Erdrutschsieg erlangte. Das Mehrheitswahlrecht machte es möglich, dass die regierende konservative Partei von 169 auf 2 Sitze zurückfiel und die Liberale Partei mit 179 von 295 eine bequeme absolute Mehrheit erringen konnte. Der erstmals auf Bundesebene angetretene Bloc Québécois wurde mit 54 Sitzen zweitstärkste Kraft und damit die offizielle Opposition.[31]

Dem von Chrétien ernannten Finanzminister gelang es binnen weniger Jahre aus dem Haushaltsdefizit, das 1993 eines der größten aller G7-Länder war, einen Haushaltsüberschuss zu machen. Mit dem 2005 beschlossenen Plan für das Haushaltsjahr 2005/06 erreichte die liberale Regierung bereits den achten Überschuss in Folge.[32]

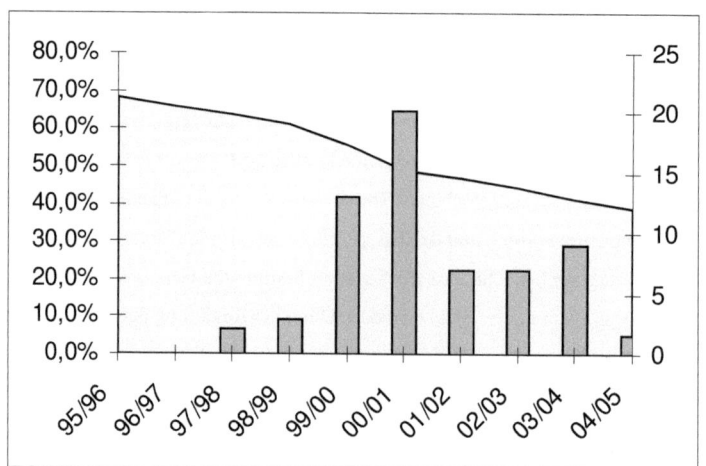

Linke Skala: Verschuldung in % des BIP; Rechte Skala: Haushaltsüberschuss in Mrd. CAN$

Abbildung 14: Schuldenrückgang (hellblau) und Haushaltsüberschuss des kanadischen Staates (Quelle: Government of Canada, 2005)

---

29 Vgl. Brian Mulroney <http://en.wikipedia.org/wiki/Brian_Mulroney>, Zugriff: 06.02.2006.
30 Vgl. Guest (1997), S.248.
31 Vgl. Guest (1997), S.249 und <http://en.wikipedia.org/wiki/Canadian_federal_election%2C_1993>, Zugriff: 06.02.2006.
32 Vgl. Government of Canada (2005), S.5ff und <http://en.wikipedia.org/wiki/Canadian_federal_budget%2C_2005>, Zugriff: 06.02.2006.

Martin gelang die Sanierung des Staatshaushalts aber auch mit Hilfe von fragwürdigen Kürzungen, etwa bei den Zahlungen an die Provinzen im Rahmen des Canada Health Transfer. Die Provinzen mussten deswegen ihrerseits in vielen Fällen zurückfahren. Wie bereits oben erwähnt, wurde auch die Arbeitslosenversicherung und das Pensionssystem überarbeitet und modernisiert.[33]

Dennoch ist es ein unbestreitbarer Erfolg, einen regelmäßigen Haushaltsüberschuss zu präsentieren, und damit die Staatsverschuldung zu senken. Dadurch wird der Anleihenmarkt Kanadas entlastet, die Zinsen niedrig gehalten und damit eine günstige Investtionsatmosphäre für Unternehmen und Selbständige geschaffen. Bereits in den letzten Jahren gab es immer wieder Senkungen bei Steuer, sowohl bei Unternehmens- als auch Personensteuern, welche die kanadische Wirtschaft beflügeln, die Arbeitslosigkeit (Dezember 2005: 6,5%[34]) niedrig halten und ein hohes Wirtschaftswachstum garantieren.

33 Vgl. Paul Martin <http://en.wikipedia.org/wiki/Paul_Martin>, Zugriff: 06.02.2006.
34 Statistics Canada <http://www.statcan.ca>, Zugriff: 06.02.2005.

Literatur

- Booth, Philip (1973): Social security in America. Ann Arbor.
- Government of Canada (2005): Annual financial report of the Government of Canada Fiscal Year 2004-2005. Ottawa.
- Guest, Dennis (1997): The emergence of social security in Canada. Vancouver.
- Lenz, Karl (2001): Kanada. Darmstadt.
- McGilly, Frank J. (1990): An introduction to Canada's public social services: understanding income and health programs. Toronto.
- McGilly, Frank J. (1998²): An introduction to Canada's public social services: understanding income and health programs. Toronto.
- Social Work and Social Welfare in Canada <http://www.socialpolicy.ca>
- Statistics Canada <http://www.statcan.ca>
- United States Census Bureau <http://www.census.gov>
- Wikipedia-The free encyclopedia <http://en.wikipedia.org>